U0293010

筑境

中国精致建筑100

1 建筑思想

风水与建筑
礼制与建筑
象征与建筑
龙文化与建筑

2 建筑元素

屋顶
门
窗
脊饰
斗栱
台基
中国传统家具
建筑琉璃
江南包袱彩画

3 宫殿建筑

北京故宫
沈阳故宫

4 礼制建筑

北京天坛
泰山岱庙
闾山北镇庙
东山关帝庙
文庙建筑
龙母祖庙
解州关帝庙
广州南海神庙
徽州祠堂

5 宗教建筑

普陀山佛寺
江陵三观
武当山道教宫观
九华山寺庙建筑
天龙山石窟
云冈石窟
青海同仁藏传佛教寺院
承德外八庙
朔州古刹崇福寺
大同华严寺
晋阳佛寺
北岳恒山与悬空寺
晋祠
云南傣族寺院与佛塔
佛塔与塔刹
青海瞿昙寺
千山寺观
藏传佛塔与寺庙建筑装饰
泉州开元寺
广州光孝寺
五台山佛光寺
五台山显通寺

6 古城镇

中国古城
宋城赣州
古城平遥
凤凰古城
古城常熟
古城泉州
越中建筑
蓬莱水城
明代沿海抗倭城堡
赵家堡
周庄
鼓浪屿
浙西南古镇廿八都

筑境

中国精致建筑100

陈氏书院

崔惠华 黄海妍 撰文／祁庆国 摄影

中国建筑工业出版社

出版说明

中国是一个地大物博、历史悠久的文明古国。自历史的脚步迈入新世纪大门以来，她越来越成为世人瞩目的焦点，正不断向世人绽放她历史上曾具有的魅力和光辉异彩。当代中国的经济腾飞、古代中国的文化瑰宝，都已成了世人热衷研究和深入了解的课题。

作为国家级科技出版单位——中国建筑工业出版社60年来始终以弘扬和传承中华民族优秀的建筑文化，推动和传播中国建筑技术进步与发展，向世界介绍和展示中国从古至今的建设成就为己任，并用行动践行着“弘扬中华文化，增强中华文化国际影响力”的使命。从20世纪80年代开始，中国建筑工业出版社就非常重视与海内外同仁进行建筑文化交流与合作，并策划、组织编撰、出版了一系列反映我中华传统建筑风貌的学术画册和学术著作，并在海内外产生了重大影响。

“中国精致建筑100”是中国建筑工业出版社与台湾锦绣出版事业股份有限公司策划，由中国建筑工业出版社组织国内百余位专家学者和摄影专家不惮繁杂，对遍布全国有历史意义的、有代表性的传统建筑进行认真考察和潜心研究，并按建筑思想、建筑元素、宫殿建筑、礼制建筑、宗教建筑、古城镇、古村落、民居建筑、陵墓建筑、园林建筑、书院与会馆等建筑专题与类别，历经数年系统科学地梳理、编撰而成。本套图书按专题分册，就其历史背景、建筑风格、建筑特征、建筑文化，结合精美图照和线图撰写。全套100册、文约200万字、图照6000余幅。

这套图书内容精练、文字通俗、图文并茂、设计考究，是适合海内外读者轻松阅读、便于携带的专业与文化并蓄的普及性读物。目的是让更多的热爱中华文化的人，更全面地欣赏和认识中国传统建筑特有的丰姿、独特的设计手法、精湛的建造技艺，及其绝妙的细部处理，并为世界建筑界记录下可资回味的建筑文化遗产，为海内外读者打开一扇建筑知识和艺术的大门。

这套图书将以中、英文两种文版推出，可供广大中外古建筑之研究者、爱好者、旅游者阅读和珍藏。

目录

陈氏书院

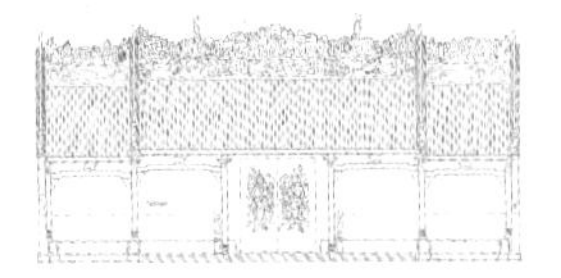

在明清时期的广东城乡，特别是珠江三角洲地区，民间十分重视建造宗祠。它们是族人祭祀祖先，聚会议事，调解纠纷，以及举行喜庆活动、摆酒设宴的地方，能有效地加强族人之间的凝聚力。而宗祠建筑规模的大小，也是该宗族社会地位高低的反映，所以宗族无论大小贫富，都竭尽所能地建造宗祠，务求使它富丽堂皇，气势不凡。坐落在广州繁华闹市的陈氏书院（俗称陈家祠），就是广东规模最大、保存最完整、装饰最精美的一座合族宗祠建筑。

一、书院为名祠为实，建祠扬威聚宗贤

合族宗祠的建立源自明清时期，为了能够加强各地族人的联系，也为了方便省内各地同姓子弟到省城广州应考科举，广东各个姓氏的族人纷纷在广州城内建立起合族大宗祠。但到了乾隆年间，广东官府担心各地族人利用合族宗祠聚众闹事，下令禁止在广州建立合族宗祠。为了对付官府的禁令，各姓宗祠皆改名为书院。建于清代光绪年间的陈姓合族大宗祠“陈氏书院”，在民间又习惯称之为“陈家祠”，同一建筑两种称谓，就是基于这种原因，名为“书院”，实际是合族大宗祠。

陈氏书院是清代广东七十二县陈姓族人共同捐建的合族大宗祠。清代的广东陈姓是广东乃至华南地区的大族，在积聚了雄厚的经济和政治实力的广东各地陈姓商人和士绅倡议下，全省各房陈姓踊跃捐资，计划在省城广州筹建合族宗祠，祭祀祖先，加强全省族人的联系，同时为来广州应考科举的各房子弟提供居所。考虑到前来应考居住的各房子弟人数众多，在建造陈氏书院时，无论是规模还是装饰都竭尽所能，使整座建筑既宏伟庄严，又精美华贵，从而可以提高陈姓的社会地位，由于各房反应热烈，很快筹得巨款。

清光绪十四年（1888年）陈氏书院正式筹建。为了使更多子弟高中科举，光宗耀祖，使陈氏宗族更加兴旺发达，陈氏书院对择地选址十分重视，认为宗祠一定要建在风水宝地上才能保佑子孙。书院所在地的广州城西门外连元街，附近有当时羊城八景之一的“浮丘丹井”，相传在

图1-1 陈氏书院正门

陈氏书院正门装饰华丽，高大威严。门上饰“陈氏书院”巨大门匾。这座名为书院的清代民间建筑是由广东省七十二县陈姓族人捐资建造的合族宗祠，俗称陈家祠。

“浮丘丹井”旁边有一条“撒金巷”，又名“积金巷”，巷内有一老一少二仙能撒豆成金。陈氏族人选择这里作为祠地，大概与附近有这样一条寓意吉祥的巷子有关。而根据《陈氏族谱》的记载，有梁姓子弟也曾经打算在这里修建宗祠，陈姓与梁姓为此发生争执，还打起官司，最后在陈姓绅士的努力下，打赢了官司，购得了这块风水宝地，开始鸠工兴建。整项建筑工程由广州城西寺前街的黎氏瑞昌店、回澜桥刘德昌、源昌街时泰、联兴街许三友等建筑商号承接，遍请全省能工巧匠共同营建。工程最终在光绪二十年（1894年）全部完成。

陈氏书院落成后，在书院的后进大厅放置神龛和供桌，供奉陈氏历代先祖牌位，以及所有有份捐资的各房族人的祖先牌位和长生牌位。作为全省陈姓的合族大宗祠，陈氏书院十分重视祭祀祖先，每年必定举行隆重的春秋二祭仪式，祭祀历代各房祖先。祭祀仪式必须由本族绅士或官员来主持，据曾任陈氏书院常务理事的陈杰卿回忆，在陈济棠统治广东时期，他对陈氏书院的春秋二祭十分重视，不止一次充当了主祭人。每次到陈氏书院主持祭祀仪式，陈济棠必带大量随从，浩浩荡荡，警卫森严。他本人则身穿崭新长衫马褂，头戴瓜皮小帽，态度庄重，对祭祀仪式的各项程序都极为重视。

每年举行的春秋祭祀活动也是全省族人商议大事、联络感情的好时机，他们在中进聚贤堂先拜祭天地，然后聚会议事，款谈交流。

图1-2 陈氏书院平面示意图

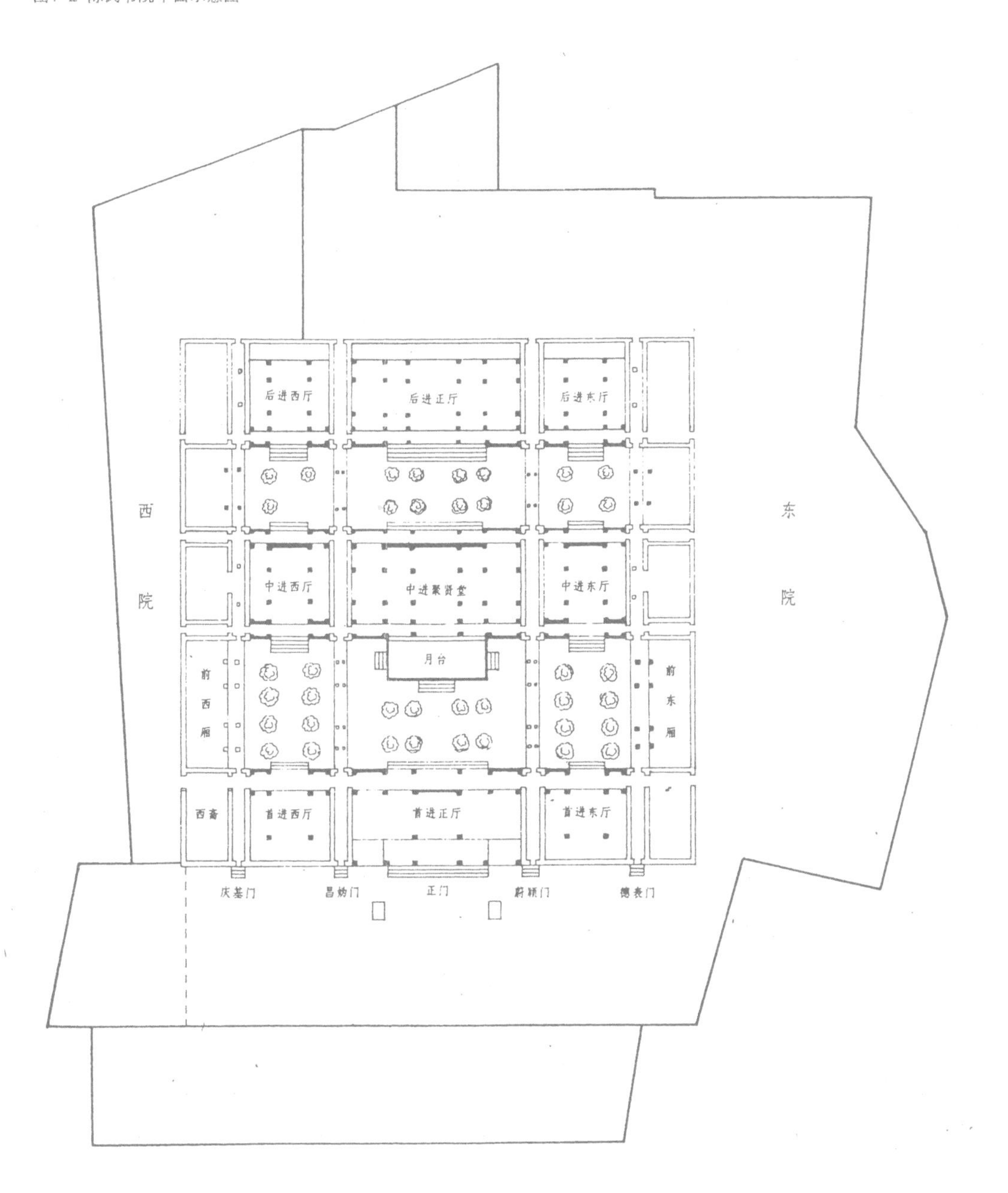

为了鼓励前来应考居住的各房子弟努力读书以高中科举，陈氏书院在建筑布局和建筑装饰方面，处处刻意营造一种鼓舞子弟金榜题名，使宗族兴旺发达的气氛，例如象征步步高升的青云巷，屋脊上寓示鳌头独占的陶塑鳌鱼，以至木雕“创大业，儿孙永发”、“二甲传胪”等等。希望使前来备考的各房子弟，发愤读书，以达到宗祠建立时所期望的目标——光大门楣、光宗耀祖。

科举考试废除以后，陈氏书院成为办学的场所。光绪三十一年（1905年），书院办陈氏实业学堂。民国期间，这里先后为广东公学、广东体育专科学校、文范学校和聚贤中学的所在地。1951年，这里又设立了广州市行政干部学校。

1957年，经广州市人民委员会批准，陈氏书院被列为广州市文物保护单位，并由广州市文物管理委员会进行全面维修管理。1959年，陈氏书院被辟为广东民间工艺馆，1962年被列为广东省文物保护单位。1980年陈氏书院再次全面修葺，于1983年竣工。1988年，陈氏书院被定为全国重点文物保护单位，它现在是广东民间工艺博物馆的馆址所在地。

二、开合有度承传统，堂构庄严显风格

陈氏书院是一座具有典型清代岭南建筑风格的大型建筑群，它坐北朝南，占地共15000平方米。主体建筑共6400平方米，外有前、后、东、西四院，院子外围有一圈青砖围墙作保护，开合有度，庄重规整。

陈氏书院的主体建筑，无论是建筑布局还是结构，都充分考虑了合族大宗祠的功能以及南方的气候特点。建筑平面呈正方形，纵横80米，采用“广五间、深三进、中轴对称”的传统布局，是一座院落式的建筑群。共有单体建筑19座，以六院六廊穿插其间，布局严谨对称，空间高敞宽阔。建筑以中座面宽五开间的三进正厅为主，两侧为厅堂，再以两边的偏

图2-1 陈氏书院全景

陈氏书院坐北朝南，它是由大小十九座单体建筑组成的艺术建筑群，采用“三路三进九堂两厢杪”布设。首进中座正门向外，其余建筑均向院内开设，建筑外围以廊门相互联结，形成方形的整体布局。

图2-2 “昌妫”廊门
书院平面呈正方形，每边对外设廊门四个，东西、南北相对，贯穿全院。图为陈氏书院正面的“昌妫”门。

间、廊庑围合。每座单体建筑以青云巷相隔，以长廊相连；每进建筑之间是幽雅的庭院，似分隔又相连，设计十分巧妙。

首进大厅是迎送客人的地方，它面宽五间，进深三间。大厅内面对正门处设四扇双面镂雕隔扇挡中，起分隔内外空间的作用，又使里面的景物若隐若现，从外面看给人一种幽雅含蓄的美感，转过挡中则令人有豁然开朗，别有洞天的感觉。这种实用功能与装饰功能的高度统一，是传统的民间生活习惯和审美意识的集中体现。

图2-3 陈氏书院正面倒座

陈氏书院为外封闭、内开放的院落式建筑，正门倒座的台基、墙身、屋顶分别以石雕、砖雕、陶塑和灰塑进行装饰。

图2-4a,b 首进庭院

陈氏书院主体建筑内的六个庭院，起着间隔空间和通风采光的作用。院落之间以一条装饰华丽的长廊把前后建筑巧妙地联结起来，院内栽种香花名树，幽雅舒适。

a

b

开合有度承传统，
堂构庄严显风格

a

b

图2--5a,b 聚贤堂外景与内景/对面页

气势恢宏的聚贤堂是书院建筑的中心。堂前有月台一座，堂后设十二扇挡中与后院相隔，宽敞的大堂是当年族人进行议事聚会的地方。

首进东、西厅，面宽三间，进深三间，金柱正间装设花罩，厅门为14扇通花隔扇。东、西厅内还设有活动间隔，可开可关，在应考子弟人数众多时，装上间隔，把厅堂隔成几小间，分配给人员较少的小房族人居住。

中进大厅聚贤堂为书院建筑的中心，是当年族人举行祭祀天地和议事聚会的场所。堂宽五间，进深五间。后金柱正中三间装有12扇双面屏门挡中，两侧装设花罩。堂前有月台，石雕栏杆及望柱均以岭南佳果为装饰，镶嵌铁铸通花栏板，装饰华美高贵，突出了聚贤堂的中心地位。

中进东、西厅面宽三间，进深五间。后金柱正中三间装有4扇双面镂雕隔扇，后金柱次间和厅前后设通花隔扇。各房来客就在此就座和议事谈话。

后进大厅三间是安设陈氏祖先牌位及族人祭祀的厅堂。大厅面宽五间，进深五间。厅后老檐柱之间装有5个高达8米多的木镂雕龛罩。后进东、西厅面宽五间，进深五间。厅门为14扇通花隔扇。厅后亦装设木雕龛罩，安放陈氏各房的祖先牌位和长生牌位，但规模比大厅略小。当举行春秋祭祀仪式时，首进大厅的隔扇挡中、中进聚贤堂的屏门挡中全部打开，显示出一种庄严肃穆的气氛。

东、西斋和两边厢房略为低矮，是提供给前来省城应考的各房子弟居住备考的主要用房。东西斋为单间，提供给应考子弟较多、建宗祠时捐款较多的大房族人居住。斋内用花楣、隔扇和落地花罩组合装饰，后窗采用套色蚀花玻璃窗，斋前有一小天井，使室内外显得格外清朗。人数较少的小房族人住在东西厢房，和首进东西厅一样，厢房也装有活动隔扇，根据需要间隔给各房族人居住。厢房使用通花格嵌套色蚀花玻璃，光线柔和，十分清雅，这是珠江三角洲地区清代晚期特有的建筑装饰工艺。

陈氏书院内还有六个庭院以及贯穿全院的连廊和庑廊。院落之间的一条条南北走向、装饰华丽的长廊，像多姿的彩带，把前后三进建筑巧妙地连接起来，又把大片的空间分割为一个个幽雅的庭院。这些庑廊、连廊还有檐廊，既可挡雨遮阳，又起过渡和联系空间的作用。此外还有青云巷，站在青云巷中往上看，头顶蓝天白云，两旁山墙高耸；往前看，中路建筑一进高于一进，包含了期望族中子弟步步高升、平步青云的意味。

陈氏书院主体建筑的四周共开有17个外门，除正面中门外，每边四门相对，贯穿整座建筑，并可通往前院、东院、西院和后院。书院设有那么多四通八达的外门，除了利于疏风透气外，可能也是为了方便人数众多的应考子弟出入和疏散。

图2-6 后座正厅

后座正厅是族人祭祖活动的主要场所。大堂后并排设有五个巨大的神龛，龛内安放祖先神位和长生位，每年春秋二祭，族人都在此举行隆重的祭祖仪式。

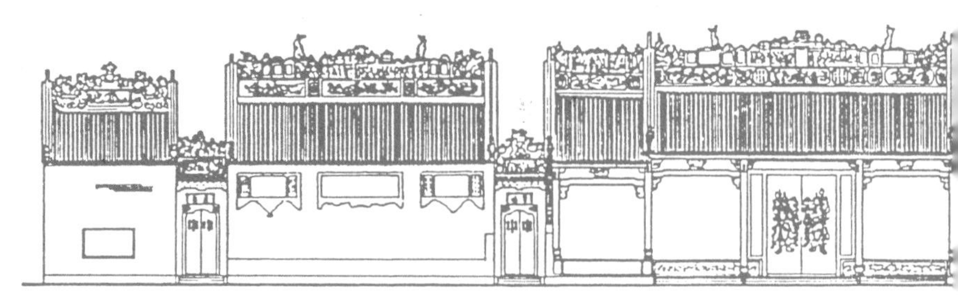

图2-7 陈氏书院正立面图（1：100）

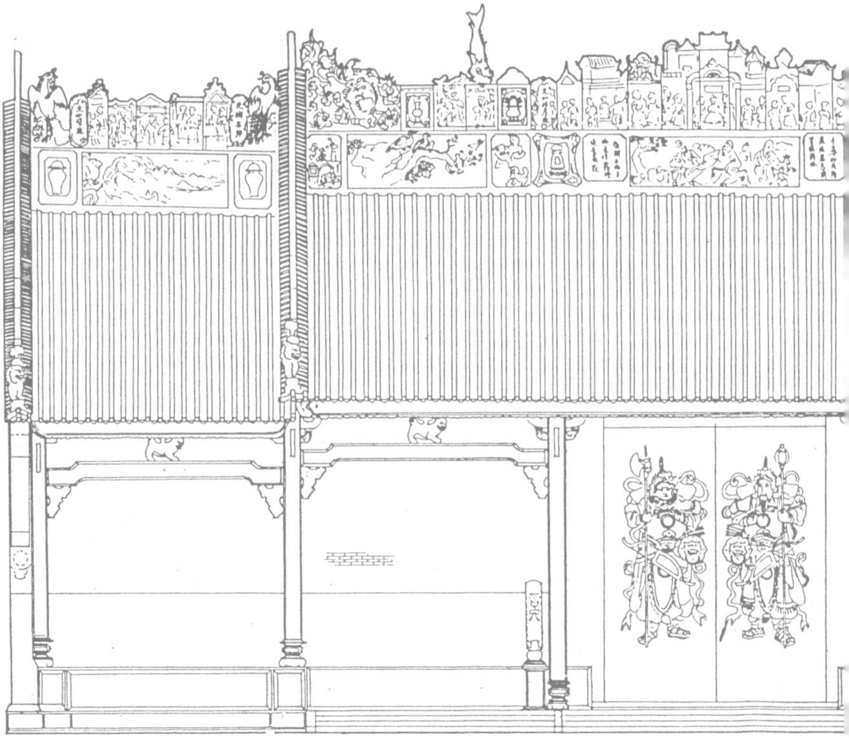

图2-8 首进正门立面图

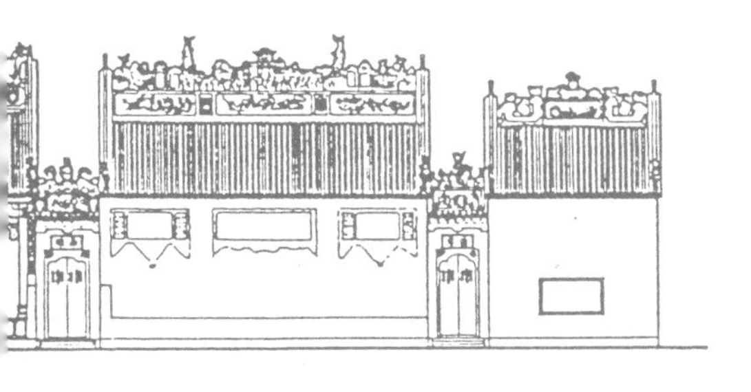

在建筑结构方面，陈氏书院的梁柱、屋身、屋脊、门窗设置以及色彩运用等都别具特色，一方面符合合族宗祠应有的庄严气氛，另一方面也适应广州潮湿多风雨的气候环境。无论是木质的金柱，还是石质的檐柱，均高大挺拔，配合设计独特的斗栱和梁架，使整座建筑显得高大轩敞，显示出宗祠的庄严气派。为了防潮、防腐、防水浸，前廊列柱不用木柱而用石柱；其余易受雨淋的构件如柱础、月梁、雀替、出头梁、隔架、墙裙等也都是用石作，柱础束腰较高，约40厘米，使所有柱子尤其是木柱免于受到积水的浸泡，防潮效果极佳。而所有柱子均选用优质坤甸木材，表面油漆桐油，有效地保护了木材。

陈氏书院的地面选用细腻的淡红带白色大阶砖铺砌，接缝处细如银线，方整划一，质细平滑，下垫河沙，以防地潮。屋顶铺设三层弯瓦，以半圆形筒瓦凹面向下覆盖其上，形成长筒，使雨水自筒背上落到沟中，顺沟流下，避免了屋顶积水。墙壁一律用青砖砌成，为了使青灰色的墙体不显得单调，在青砖檐墙、廊门、檐下以及山墙头上都分布有一幅幅“挂线砖雕”，大大地美化、丰富了屋身。

开合有度承传统，
堂构庄严显风格

图2-9 首进正厅剖面图

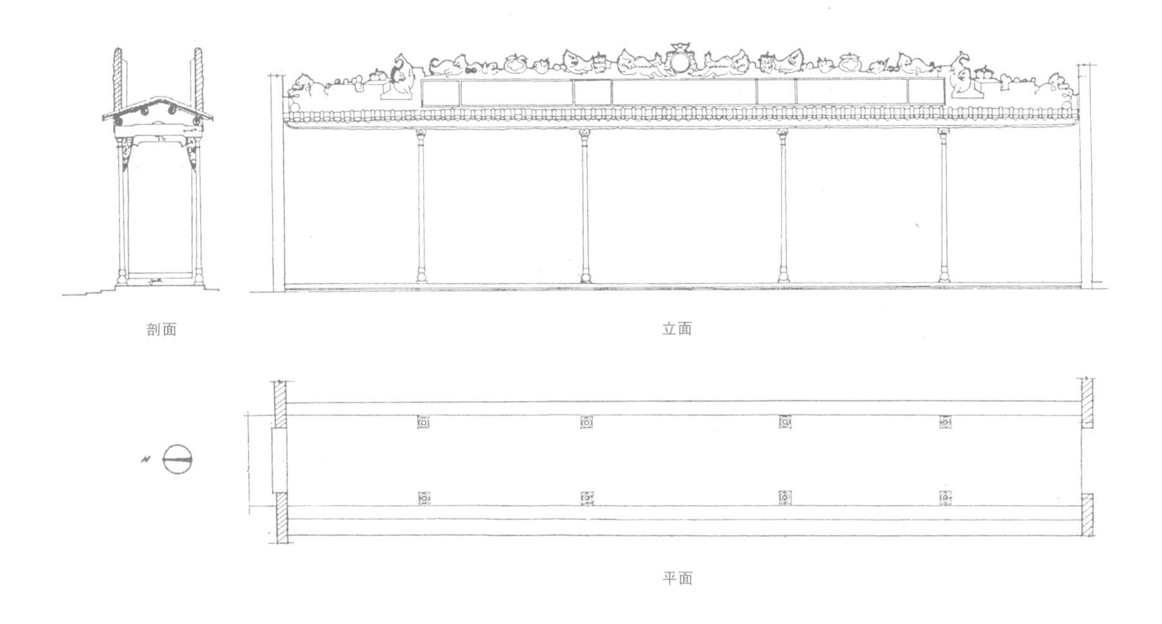

图2-10 前院连廊平面、立面、剖面图

此外陈氏书院也十分注意门窗、隔扇的设计和运用。除了上文已提到的开关灵活的隔扇、屏门挡中和活动间隔，以及能使光线更加柔和，又极具装饰性的套色蚀花玻璃窗的使用外，厅堂和厢房的门十分高大，这些门分好几扇，仅在下面一小部分装上门板，其余大部分或是雕刻细致整齐的花格，或是在花格中装上磨砂或蚀刻玻璃，便于厅房的采光和通风。

至于色彩的运用，更是别具一格。与明清时期建筑喜欢在内部构件上追求着色华丽的风格完全不同，陈氏书院的木构件虽然也是精雕细琢，但并不在梁架等处彩绘图案，所有的木构件均施以深褐色，在宗祠内烘托出一种庄重肃穆的气氛。但这并不是说陈氏书院没有艳丽的色彩，事实上，色彩的功夫都用在屋脊上了。在这里，屋脊已不仅是单纯地为了掩饰屋顶结构的接驳缺陷，防止风沙，雨水渗入，而是极尽装饰之所能，以显示宗祠的气势和豪华。高达三四米的正脊，下以80厘米厚的灰塑为脊基，上为40厘米厚的陶塑花脊，灰塑着色浓艳，陶塑清丽雅致，使整个屋顶显得富丽堂皇。既与用色沉实厚重的下部建筑物形成鲜明对比，又使整座建筑显得协调和谐，不至于使宗祠因为过多地采用冷色调而显得单调乏味，又不会因为屋脊采用了鲜丽颜色而失却了合族宗祠应有的庄严气氛。

被誉为“岭南艺术建筑的一颗明珠”的陈氏书院，除了以其合理而巧妙的建筑布局和结构见长外，更以其巧夺天工的各种建筑装饰取胜。下面将一一介绍陈氏书院的陶塑、灰塑、砖雕、木雕、石雕、铜铁铸和彩绘等各种建筑装饰。

三、顶上正脊展戏台，精美堂皇呈气势

清代广东特别是广州、佛山一带，豪宅祠堂多数以佛山石湾烧制的陶塑来作屋外装饰，陈氏书院也不例外，在其正脊上，分别装饰有十一条华丽的陶塑脊饰。

这些石湾烧制的陶塑脊饰，造型繁复，黄、绿、宝蓝、褐、白五种主要釉色，十分清净古雅。屋顶有此脊饰，顿显堂皇，故广东人又称之为花脊。在制作方法上，由于脊饰构图大多取材自戏曲故事，艺人在制作每一条脊饰前，也像演戏前一样，先搭戏台，再安排人物、道具的放置。制作脊饰主要以贴塑和捏塑为主，塑造人物，先做筒身，再安头、手、脚。在造型上，所有大小人物、动物都向前倾斜，适合从下往上观看。其中戏曲人物的造型特别出色，这些造型都是由传统戏曲人物造型演变过来，陶塑艺人对他们的面谱、功架，衣饰十分熟悉，做出来的陶塑人物虽然五官夸张，风格粗犷，但生、旦、净、丑，一颦一笑，一举一动，一招一式，仍然能够生动传神，戏韵十足，极具观赏性。

图3-1 陶塑脊饰

安装在正脊灰塑之上的陶塑脊饰，俗称“花脊”，它是以一块块约40厘米厚，1～2米多高的陶塑构件烧制后，在屋顶连接装嵌而成的。“花脊”是广东建筑特有的艺术装饰。

图3-2 鳌鱼陶塑脊饰

鳌鱼是民间传说中喜好吞火，龙头鱼尾，形状怪异的瑞兽。把气冲凌云的鳌鱼饰于正脊最高之处，取其防火避灾和“独占鳌头”高中状元之意。

图3-3 陶塑脊饰“太白退番书”

陶塑脊饰以戏剧人物故事为主要题材，装饰场面宏大，配以花鸟纹饰，富丽堂皇。陶塑“太白退番书”图取材于《隋唐演义》故事，李白为戏弄权贵，设法使高力士为其脱靴，杨贵妃捧砚，他才愿奉命草诏退番书的场面。

陈氏书院陶塑脊饰的内容，主要是以历史人物故事和民间传说为题材，并巧妙地把亭台楼阁和动物、花鸟、瓜果等各种造型穿插运用。脊饰题材极为通俗化，都是一些民间十分熟悉和喜爱的精彩戏剧场面，以及街知巷闻的传奇故事。艺人塑造的脊饰人物，虽然体形神态夸张随意，但人们一看脊饰便知其故事内容，因为它们源于民间，成于民间，最易被人们理解和接受。每条脊饰题材各异，表现手法

图3-4 陶塑脊饰局部

陶塑脊饰如同一座正在上演古装粤剧的大戏台，各种人物同时登台演出，台后楼阁亭榭、将台与堂连成一片，在多层楼阁的围栏之内还有人探头观看，人物与场景布局巧妙，装饰手法独特。

图3-5 中进聚贤堂平面、剖面图

剖面

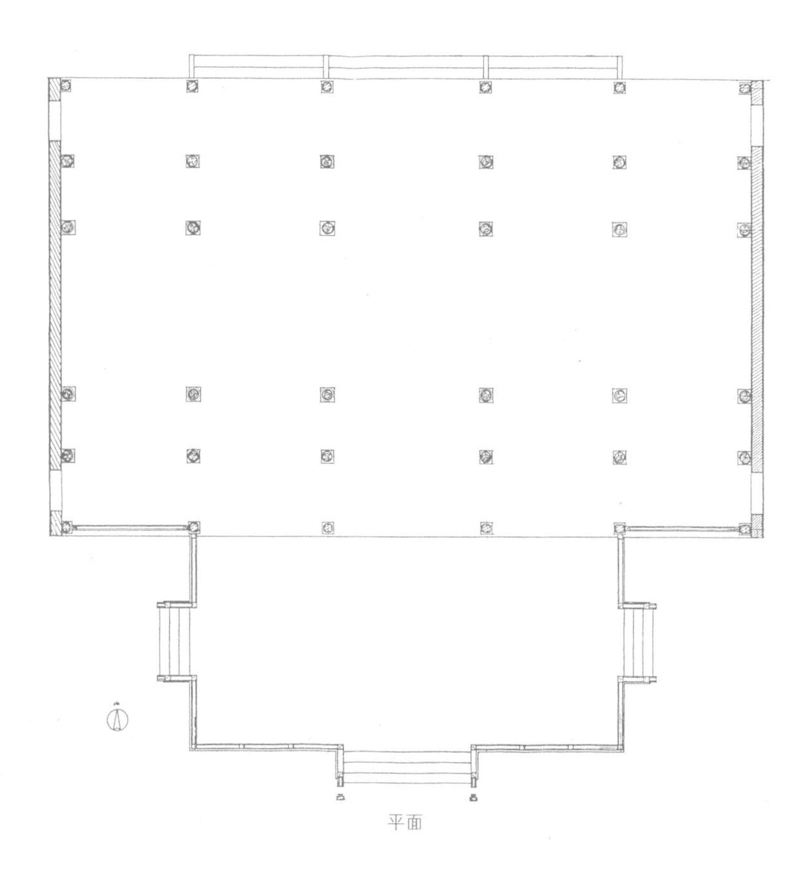

平面

多种多样。有的是一组大型的戏剧场面；有的是以多个戏剧场面，用连景式的方法组成一个戏剧片段；还有的是十几组内容分别连接。陈氏书院的陶塑脊饰，犹如一条条色彩丰富、造型生动的立体连环画，它更似一座座长形的永不落幕的高空戏台，同时上演着一幕幕题材各异的古装戏剧。

脊饰大部分的题材，离不开吉祥如意、加官晋爵的内容，与陈氏书院希望宗族强大，子孙光宗耀祖的根本目的相一致，且看中进聚贤堂上这座最大的高空戏台。正脊总长27米，高2.9米，连同灰塑基座总高4.26米，全脊塑造224个人物。包括神话故事“群仙祝寿”，描述传说中的八仙铁拐李、汉钟离、张果老、何仙姑、蓝采和、吕洞宾、韩湘子、曹国舅在三月三日各带奇宝给王母贺寿的故事，暗寓群仙前来为陈氏祖先祝寿。还有“和合二仙”、“麻姑献寿”和“麒麟送子”等含有相同寓意的民间神话故事。另外还有用玉堂绶带鸟和牡丹组成图案，表示荣华富贵；用各种缠枝瓜果图形表示“瓜瓞连绵”，寓意子孙昌盛，连绵不断；用蝙蝠和两只鹿环抱一个“寿”字，表示“福禄寿”。

最引人注目的是装饰在屋顶各条正脊上的一对对陶塑鳌鱼。鳌鱼原为传说中的海中大龟，它龙头鱼尾，好吞火，立在屋脊，有防火避灾的用意。同时由于民间把高中状元称为独占鳌头，所以把鳌鱼作为脊饰，也迎合了人们祈望子孙后代独占鳌头，高官显贵的心理。陈

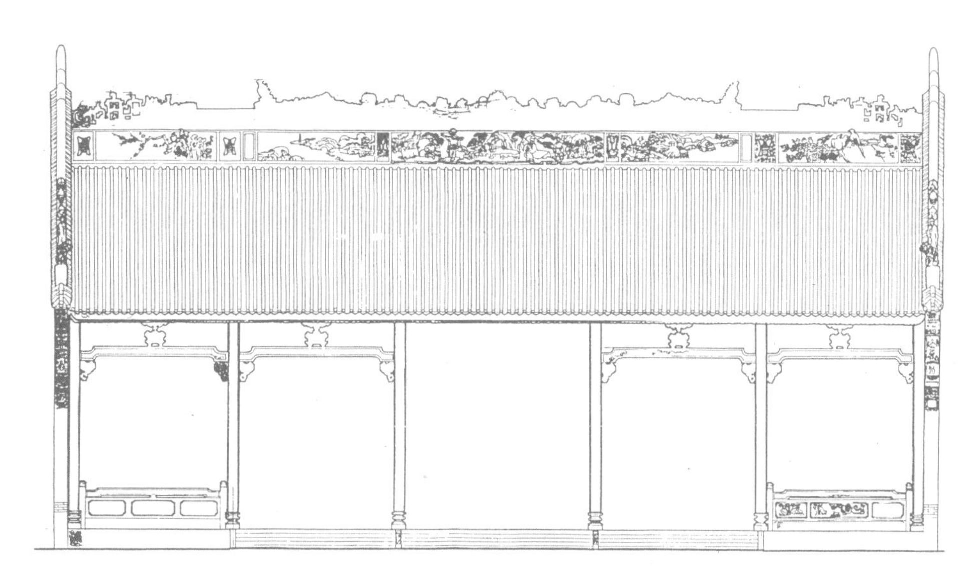

正立面

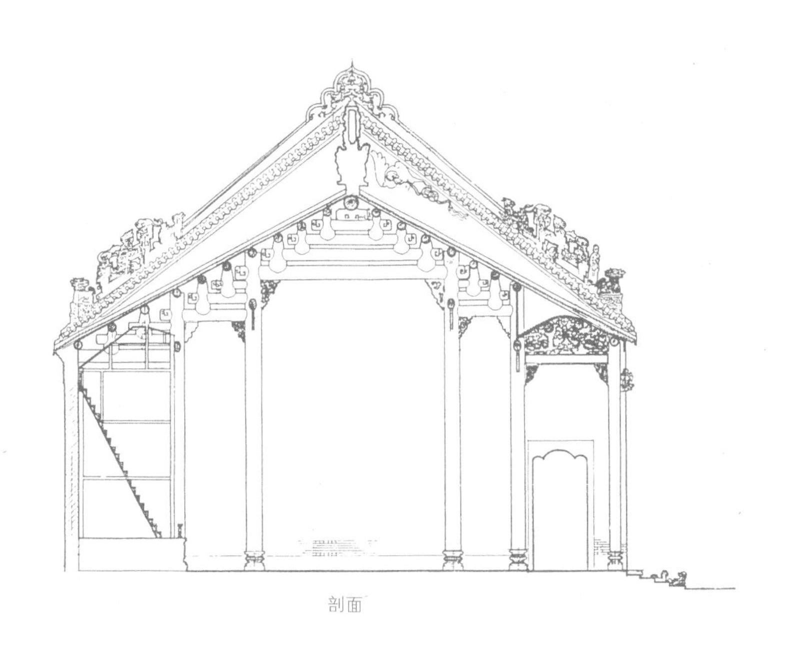

剖面

图3-6 后进正厅正立面、剖面图

氏书院的鳌鱼脊饰高耸蓝天，它包含着“避火消灾，独占鳌头”之意，同时在造型上又突破了传统的做法，鳌鱼的两根长须伸向天空，显得气势非凡，使屋顶轮廓线更加优美。

陈氏书院的十一条石湾陶塑脊饰，分别由“文如璧”、“宝玉荣记”、“美玉成”等名店烧制，其中“文如璧”最有名，烧制的数量也最多，首进及中进聚贤堂上最大的脊饰，就是由它烧制的。

四、稻草石灰饰屋脊，祠堂高处生华彩

陈氏书院除了在十一条正脊装有清雅堂皇的陶塑脊饰外，大小十九座建筑的脊饰、门廊、连廊、内外山墙、垂脊上都装饰有色彩艳丽的灰塑。

灰塑是岭南特有的建筑装饰，民间又称之为“灰批”。它以草根灰和纸筋灰为原材料，在用瓦筒和铜线扎成的骨架上现场雕塑，待干后再彩绘各种颜色。陈氏书院的灰塑许多都是立体的，艺人根据题材和空间的需要，或将山川水涧景物随形就势穿透墙体，或将动物、花卉等塑造成凸出墙体20至60厘米，使整体效果生动活泼。

图4-1 廊门顶部灰塑
首进两座建筑之间，以廊门连接外墙。廊门顶部的灰塑装饰，色彩丰富艳丽，檐沿下饰以深沉的多层砖雕，纹饰整齐、做工精细，花鸟虫鱼、岭南蔬果尽雕其中。

图4-2 正脊装饰

正脊装饰高达3米多，如一堵高墙。为防风袭，在陶塑和灰塑之中巧设透风孔，风孔与装饰图案融为一体，匠心独运。

图4-3 前院连廊灰塑装饰
连廊又称花廊，以色彩艳丽的灰塑装饰廊顶，犹如一条轻盈的彩带飞架在庭院上空，连接前后的建筑，美观而又实用。

作为陶塑花脊的基座，灰塑弥补了陶塑安装的困难，又加强了屋顶色彩的分量。同时还因为工匠们在制作时，巧妙地在每组图案之间和山水、人物故事的背景中留有装饰性的透风孔，从而减轻了总高达1.2米的陶塑、灰塑脊饰对屋顶的过大压力，又避免了大风对脊饰的猛烈冲击，适合广州夏季台风多的气候环境。

与陶塑清新雅致的色彩不同，灰塑的色彩运用更具民间特色，喜好浓烈、艳丽的装饰效果，不拘一格、自由随意地大胆运用大红、大绿以及纯黄等鲜艳的颜色，丝毫不受政治、宗教等因素的影响（如黄色一般为皇家专用的颜色）。那朱红色的狮子，鲜绿的瓜果蔬菜，以黄色为主调的佛手、石榴、杨桃，以及红、黄交错的吉祥图案，富丽斑斓、绚丽多彩。这灿烂的颜色冲淡了大面积的灰墙、黑瓦、褐色梁柱所形成的过分庄严的气氛，使屋顶这个本应

图4-4 独角狮灰塑脊饰

独角狮是广东民间用以镇邪避灾的瑞兽。灰塑独角狮子全身朱红，大眼圆睁、张口翘尾，蹲伏在垂脊前沿上，增添了祠堂的气势与威严。

稻草石灰饰屋脊，
祠堂高处生华彩

图4-5 连廊灰塑局部/上图

灰塑为广东特有的传统建筑装饰艺术。连廊灰塑多采用立体造型，花草树木、亭台楼阁、景物布设远近相宜，人物比例不按常规制作，从下往上望却是形象生动，比例协调。

图4-6 内山墙灰塑装饰/下图

正脊高大厚实，装饰华丽。屋顶内山墙两边分别饰以浅浮雕灰塑与之相呼应，使屋顶形成华丽的整体。塑蝙蝠、铜钱，取意“福在眼前”。

图4-7 外山墙灰塑装饰

外山墙灰塑花篮装饰，打破了两座山墙高压青云巷的深沉感觉。

异常沉重下压的大帽子反而随着鲜艳明快的色彩产生向上挺拔的轻快感。华彩叠生的屋顶，再配以沉实厚重的底色，建筑物宽厚的正身和宽阔的台基，使整座建筑稳重踏实，毫无头重脚轻之感。灰塑热烈的色调与砖雕、铁铸、木雕、石雕的冷色调风格相比较，形成了一种和谐、舒适的美感。可以说，在陈氏书院的建筑装饰中，色彩的功夫主要都落在灰塑上了。

在题材的选择方面，陈氏书院灰塑的取材没有固定模式，但内容多是寓意吉祥，象征宗族子嗣发达、子弟高中科举，与宗祠的建立目的和功能相一致。如中进聚贤堂上的灰塑脊饰，就有许多是有关“功名富贵”、“百子千孙”、“花魁独占”的花鸟图画和题字；内廊顶上的灰塑图案，以四条活灵活现的金鱼，象征“金玉满堂”；还有廊门内向和庭院连廊上的灰塑“梅雀图”，以梅花和雀鸟的构图，象征子孙昌盛，爵禄相聚，寓意深远。

最为突出的是蹲伏在山墙垂脊前沿上的十二对灰塑独角狮。陈氏书院独角狮的制作，难度大、要求高，代表了广东灰塑制作的最高水平。这些独角狮全身朱红色，形大体重，活泼勇猛，蹲伏在檐沿上，就像要凌空而下，气势雄伟。独角狮的造型根据佛山民间传说而来。相传，明代初年，佛山出现一头怪兽，头大如牛，顶上长角，眼睛发光，张口如盆，连连不断地发出吼声，窜入农家吞吃禽畜，毁坏农田，给村民带来严重灾害。为了制服这头怪兽，乡绅到处张榜求贤，后来有人提出“以怪

正立面

剖面

图4-8 中进西厅正立面、剖面图

制怪”的办法，请当地扎作艺人用竹篾编扎成一只头长独角，大耳宽鼻，两眼凸出，张着血盆大口，身绘多彩斑纹，形象十分凶猛的独角狮，当怪兽出现时，村民便敲锣打鼓，燃放鞭炮，舞动独角狮朝怪兽冲去，果然把怪兽吓跑。由此，独角狮便在广东民间广为流传。陈氏书院将灰塑独角狮装饰在垂脊上，造型生动活泼，并带有威吓邪魔，保卫宗祠和子弟平安的寓意。

选用蝙蝠作装饰，是我国民间的一种风俗，这是因为“蝠”与“福”谐音，它象征福寿，是民间最喜爱的吉祥物之一。陈氏书院的各种装饰艺术中，都广泛使用了蝙蝠造型，其中灰塑的蝙蝠造型最为生动、活泼、可爱。民间艺人塑造蝙蝠全凭丰富的想象力，化丑为美，把本来形象丑陋的蝙蝠进行艺术夸张变形处理，使其造型生动美观，迎合了人们的心理需求。例如山墙外灰塑装饰有五只蝙蝠围绕一个“寿”字，称为“五福捧寿”；两只蝙蝠相叠，称为“福上加福”；还有由蝙蝠和桃子组成画面，寓意“福寿双全”；在山墙内沿灰塑装饰中还有蝙蝠口含如意，喻为“福寿如意”。此外在连廊、廊门、内廊顶上一幅幅灰塑画面的四周，也装饰有一只只形态各不相同的蝙蝠，生动活泼，可亲可近。

五、青砖为材细雕琢，巧嵌妙砌留丹青

与色彩浓烈的灰塑相比，陈氏书院的砖雕装饰则以雅致细腻的艺术风格见长，在众多的广东民间建筑中最具代表性。

砖雕分别装饰在青砖檐墙上、廊门、檐下以及山墙墀头上。它使用的青砖是专门精炼烧制的，其规格尺寸与砌墙用砖一致。雕制前艺人依据整幅图的内容，安排层次布局，选用砖块，并将青砖排列勾画，然后逐块雕出所属部分的纹样，最后依次嵌砌在墙上，形成多层次的立体画面。其雕刻技法上是将圆雕、高浮雕、减地与镂空结合运用，并创出线条规整流畅、纤细如丝的深刻技法，又称为“挂线砖雕”。这些砖雕丰富了墙面，避免了单调之

图5-1 砖雕装饰
正面首进为倒座式建筑。巨幅砖雕镶嵌在色彩单一的正面青砖墙上，犹如挂上一幅精美的画卷，打破了平面墙体呆板的感觉。

图5-2 墀头砖雕

广东砖雕，技艺精湛，层次丰富。善采用纤细、硬朗、流畅的深刻线条表现纹饰，故有“挂线砖雕”之称。

青砖为材细雕琢，
巧嵌妙砌留丹青

图5–3 砖雕“梁山聚义”图/对面页上图
陈氏书院的砖雕是广东现存古建筑中数量最多、最大型、最精细、最完整的装饰艺术。装饰在青砖墙上宽4.8米，高2米的巨幅砖雕“梁山聚义”图，是陈氏书院多组大型砖雕之一。

图5–4 砖雕诗文花鸟图/对面页下图
檐墙上装饰的砖雕犹如一幅装帧华丽的巨型诗文花鸟水墨画。不同书体的诗文笔法流畅，各具韵味特色，空白处饰以深刻细线网纹，高雅隽秀。

感，或恢宏壮观，或精细玲珑，充分体现出广东砖雕既典雅又细致的独特风格。

分布在书院首进东西厅外檐墙上的六幅大型砖雕，犹如六幅大型水墨字画，十分壮观；装饰在青灰色的檐墙上，丰富了原本色彩单调、平板的墙体。其中的两幅均宽4.80米，高2米，其规模和技巧都是广东地区少有的巨制。位于东檐墙上正中一幅“刘庆伏狼驹”图，取材于戏曲故事，描写北宋年间，西北大夏国送给宋王朝一匹烈性马，取名狼驹，声言如不能降服狼驹就进犯中原。结果狼驹被宋元帅狄青麾下勇将刘庆制服，使西夏国的阴谋难以得逞，全图共雕有40多个人物，生动地刻画出刘庆降服狼驹的热闹情景。西檐墙上正中一幅“梁山聚义”图，刻画《水浒传》中梁山义士晁盖、吴用、林冲等众多英雄好汉汇集在聚义厅的宏大场面。在这两幅砖雕的左右分别是“百鸟图”、“五伦全图”、“梧桐杏柳凤凰群图”和“松雀图”，带有如意吉祥的寓意。每幅画两旁还雕有不同书体的诗文，分别是唐代诗人杜牧，北宋哲学家、教育家程颢，北宋政治家、文学家范仲淹，明代广东新会学者陈献章以及清代乾嘉年间书法家王文治、翁方纲等人的诗句。

真正体现“挂线砖雕”精细入微、玲珑剔透风格的是在书院的廊门、檐下的花边雕饰，及山墙墀头的砖雕图案纹饰。这里既有排列整齐，雕工精细的砖雕斗栱，也有造型生动、刀

图5-5 砖雕“小天使”
中国传统古代人物与外国传说中的小天使一起成为砖雕装饰中的艺术形象，体现出广东民间砖雕艺人深受西方文化的影响，取材随意，不受约束的风格特点。

法细腻的人物、鸟兽；取材既有神话传说，又有戏曲故事，还有杏鸟图、梅雀图、竹鹤图、“宜春乐善”图、“福寿”图、“龙凤呈祥”图等寓意吉祥的图案。

在这些“挂线砖雕”中，人物的雕刻工艺体现了砖雕艺人的深厚功力，而他们自由随意、繁丽细腻的艺术风格在这里又再次表露无遗：人物姿态和面孔都采用夸张造型，但又符合戏剧人物的造型规范，并且适合从下往上看时的视觉效果；人物穿着的袍服大都雕有深凹线花纹，衣袖则用浅凹线雕，面部眉、眼、嘴、须深雕细刻，线条凹凸分明，在阳光的照耀下，使人感觉出它黑、白、灰色的丰富调子以及神态的变化。而将西方传说中的小天使和中国传统戏剧人物放在一起，既反映出民间砖雕艺人受到了西方文化的影响，又体现出他们取材随意、不受约束的特点。

图5-6 仕女砖雕

以反映仕女生活为主要题材内容的装饰，在陈氏书院建筑装饰中数量极少。

陈氏书院的砖雕制作由瑞昌店、回澜桥刘德昌承接，参与制作的有番禺、南海等地的众多民间艺人。其中以砖雕大师黄南山雕刻的数量最多，雕工也极为精巧。黄南山除了雕刻技艺高超外，还是一位很有书法功底的艺人，书院里砖雕上的诗文和题款，大部分由他一人雕刻上去。以一人之手，能在青砖上雕出不同的书体，而且又各具特色和韵味，实在使人佩服。

六、古朴色调见幽雅，钢刀雕刻出神工

木雕是陈氏书院数量最多、规模最大的一种装饰。屋内的所有木构件如屏门挡中、龛罩、花罩、梁架、柁墩、斗栱、檐板、雀替等木雕装饰，一一落在人们视线之内。这些木雕着色别具一格，一律采用深褐色，令室内空间更高大和通爽，着色古朴的木雕与五彩缤纷的屋脊灰塑形成强烈对比，使内部环境显得古朴幽雅，亦符合宗祠应有的庄严气氛。木构件以雕工见长，刀法精湛利落，刻画细腻，通透玲珑，完全不需要依赖色彩点缀就能获得引人入胜的装饰效果。

首进大厅及中进聚贤堂的屏门挡中，运用双面雕的技法镂空雕刻而成。它们分别立在大厅和庭院正中之间，既分隔了内外空间，又透过镂空雕花，使院内景物若隐若现，减少了封闭感却增添了清雅宁静。

这四扇屏门挡中，从上到下都雕刻着吉祥如意的内容："金殿赏赐"、"金殿比武"、"太史第"、"孟浩然踏雪寻梅"、"渔舟唱晚"、"渔樵耕读"、"福寿双全"、"三阳开泰"等，大多含有很美妙的寓意。如裙板上雕刻的一幅"创大业，儿孙永发"图，用果实累累的芭蕉树的大叶象征大业，用母鸡带一群小鸡寓意儿孙永发，比喻十分贴切。两幅用老竹形态雕成的"福"字图案，最具象征意义，两个"福"字一正一反，暗寓福到盈门，同时又以老竹比喻大器晚成；几只仙鹤站立其中，画题"青春发达，大器晚成"，又带有福寿双全的意思。另外一幅"博古"图，用酒壶、

图6-1a,b 正门横梁

横梁全身雕饰，构思奇巧。两侧雕有一组组人物故事，场面宏大，雕工细腻，刀法精湛利落。人物造型立体生动，显示出豪华的装饰效果。正门横梁木雕“曹操大宴铜雀台”图，取材于《三国演义》第56回。画面为曹操在铜雀台上大会群臣，观看大将徐晃和许褚在比武后互相争夺锦袍的情景。

a

b

图6-2 首进正厅挡中

首进正厅双面镂通木雕大挡中，既是正厅的主要装饰，又分隔了室内和室外的空间，具有虚实结合的和谐美感。

道纘太邱星聚一堂昌後世

爵、宝鼎、铜钱和凤凰组成博古图案，用“壶里乾坤乎爵禄成”的题句，寓意胸怀大志，前程远大，加官晋爵。隔心的一幅“渔舟唱晚”图，三只渔船停泊在河岸边，一张正在晾晒的渔网高高挂起，坐在船头上的几个渔夫手拿乐器在弹唱，母亲怀抱婴儿望着身背救生浮葫芦的孩子爬到船篷上玩耍，表现出广东水乡渔民在辛勤劳动后那种悠然自得的生活情趣，生动地再现了岭南水乡的生活风貌。

中进聚贤堂的十二扇屏门挡中，分别雕有从商周至宋代的历史故事。有“渭水访贤”、“黄飞虎反五关”、“六国大封相”、“韩信点兵”、“郭子仪祝寿”、“李白退番书”、“薛仁贵大战盖苏文”、“岳飞大战金兵”；还有民间传说“龙王八仙朝玉帝”和以文人雅士为内容的“春夜宴桃李园”、“携琴访友”和“荣归故里”等。这些雕刻在构图上突破了时间和空间的限制，采取“之”字形构图，把曲折复杂的故事集中在一个画面上，有次序地刻画出来，既照顾到故事内容的完整性，又注意到构图造型的高度概括，是艺术价值极高的木雕作品，有人把这十二扇屏门挡中称赞为“木雕艺人运用手中的木刻钢刀雕就的中国历史故事长廊”，实非过誉。

图6-3 后廊木雕装饰/对面页
在聚贤堂后一列两侧设花罩，中设十二幅双面镂通木雕大屏风与正堂相隔，形成一道装饰华丽的木雕艺术长廊。

图6-4a~c 聚贤堂梁架

a

聚贤堂宽五间，进深五间。采用斗栱，柁墩抬梁，为21架6柱前后廊通堂木框架结构。梁架显露，空间通爽。

b

c

古朴色调见幽雅，钢刀雕刻出神工

图6-5 木雕神龛

神龛是安置祖先牌位的神圣地方。神龛高达8米多，规模宏大，龛罩镂空雕刻吉祥如意图案，装饰富丽堂皇而肃穆威严。

图6–6 木雕柁墩

柁墩是接托横梁的承重点，梁架上所有的柁墩两侧都作深刻浮雕或立体雕，以各种人物故事或花鸟图案装饰，图案无一相同，极尽装饰之能事。

后进大厅是安设陈氏祖先牌位和族人祭祀的厅堂。这里的11座8米多高的木雕龛罩，规模宏大，风格圆浑朴实，是广东现存最大型的清代木雕杰作。在龛罩台座上雕有“知音”图、“榴开雀聚”图、“二甲传胪”图等等，其中一幅“二甲传胪”图，用螃蟹和芦草构图，比喻殿试高中进士。

除了上述这些外，以木结构为主的陈氏书院建筑，触目所见的木构件都有木雕艺术的体现。屋顶的每一副梁架，每一组斗栱，每一个雀替，以及那长达540余米的檐板，分布于斋房、厅堂的镂雕花罩，都雕刻着无数人物、动物、瓜果、图案，有的是历史故事，有的是寓意吉祥的神话故事、民间传说，有的是羊城风景和物产。可以说，这些木雕汇集了广东木雕艺术之大成，展现了木雕艺术之精华。

七、因材施艺现匠心，以凿代笔镌风情

石雕在陈氏书院各类建筑装饰之中，是最为实用，最为淡雅的装饰艺术，选用质坚耐损的花岗石作檐柱、月梁、券门、台基、栏杆、墙裙、柱础和台阶甚至雀替等，物尽其用，是十分理想的建筑材料。花岗石材耐晒，不怕风雨侵蚀，最适合广州多雨炎热的气候。同时，在满足建筑结构功能需求的前提下，陈氏书院所有的石构件都经过美学上的加工和雕琢，它们不失其原来的功能形状，同时又显现出极为丰富的装饰趣味。

图7-1 石梁架
各座建筑的檐柱、月梁、隔架、围栏等构件，统一采用坚硬的花岗石料制作，雕饰讲究，并适合广东炎热多雨的气候条件。

在书院门前左右两侧，屹立着一对石雕狮子，左雄右雌，雄狮足踩石球，雌狮脚抚小狮，艺人在石雕狮子的口中还挖雕出一个石圆

图7-2 石狮

雄狮足踏石球，雄壮威武；母狮脚抚幼狮，温顺可亲。将其置于正门前，显示了氏族的权威。

图7-3 石鼓

正门两侧大石鼓，直径1.4米，连座高2.55米，基座浮雕日月神和八仙图案，雕工精细。正门安放大石鼓，除建筑功用需要之外，还象征着地位和气派。

图7-4 垂带石雕
台阶垂带雕饰的三足蟾蜍口吐瑞气，取其瑞气盈门、吉祥之兆。

球，光滑规整，活动自如。这一对石狮，镂刻精细，造型秀丽丰满不仅表现了陈氏家族族权的威严，也是族人心中避邪保平安的“神狮”。

在书院正门口的两旁，还有一对精雕细琢的大石鼓，鼓面直径1.4米，连座高2.55米，十分引人注目。石鼓基座饰有日月神和八仙故事的浮雕。大石鼓安放在大门两旁，除了支撑高大门架的建筑功能需要外，更重要的是它象征着地位和高贵。在封建社会里，宗族中必须有人获取高官和功名才配设置它。陈氏书院因为在光绪十九年（1893年），族人陈伯陶中了探花，才设置了石鼓。除了石鼓外，正门两边还各有一座高1.3米，长5.3米，宽3.7米的石包台，它们是广东祠堂建筑所特有的，每逢春秋祭祖或是喜庆活动，必请一班八音乐手，在此吹打奏乐助兴，场面十分热闹。

图7–5 包台
正门两边的包台是广东祠堂建筑特有的设置。每逢祭祖或喜庆活动，八音乐队在此吹奏助兴，场面十分热闹。

聚贤堂是族人拜祭天地，聚会议事的重要场所，聚贤堂前月台上的石雕台基、栏杆以及望柱头的雕饰是陈氏书院石雕装饰工艺的典型。月台栏杆以各种花鸟、果品为题材，用镂空连续缠枝的表现手法来雕饰。月台柱雕有“老鼠戏葡萄”，老鼠是十二生肖之首，老鼠与多子的葡萄、石榴共戏，是暗喻百子千孙的意思。望柱头的雕饰更加特别，台阶两旁的望柱头雕的是狮子，暗寓以狮子守卫聚贤堂；正面一列望柱头则雕着一盘盘菠萝、杨桃、橘子、仙桃、佛手、香蕉等岭南佳果，这一盘盘岭南佳果，既富有南国风情和装饰美，又寄寓了陈氏子孙以礼果终年奉祀天地神灵的虔诚敬

图7-6 月台
用花岗石雕琢的月台，典雅而秀丽，在它的烘托下，突出了聚贤堂在群体建筑中的中心地位，聚贤堂显得更加庄重肃穆。

因材施艺现匠心，
以凿代笔镌风情

a

b

图7-7a~d 栏杆柱头石雕

月台栏杆的柱头，雕刻一碟碟菠萝、杨桃、荔枝、佛手等岭南佳果，既体现南国风情，又暗寓族人终年以佳果供奉神灵的虔诚敬意。装饰巧妙，寓意深刻。

c

d

意。这一杰作充分体现了广东民间艺人匠心独运的精湛技艺。

书院建筑中的众多石柱和券门，虽然没有很多雕饰，但在各个光洁平面的边缘处，雕琢出笔直如刀刃般的线条或“覆竹”形弧线，把线条的装饰美恰到好处地表现出来。券门上部平面雕有“福寿双全”图，以蝙蝠口衔绶带和花篮为构图，比喻福寿双全。在石柱的上端镶嵌着一块块突于柱外的立体雕饰，题材多为历史故事中的人物，如“渭水访贤”、“曾子杀猪”、“孔明智收姜维”等等。还有一些寓示吉祥如意，喜庆盈门的雕饰，如“天姬送子”、“天官赐福”、“和合二仙”、“吉星高照”等等。

岭南建筑一般比较高敞，因而柱子显得极为重要。为防潮雨，石柱或木柱的下端统一采用石柱础，柱础一般较高，陈氏书院的柱础，代表了清末广东民间建筑柱础的各种特点和风格。柱础体形轻巧，束腰、高身（一般高度在40厘米以上），而且造型变化多样，注重装饰，每列柱础雕饰各不相同。有的雕如意云头、花篮型、菱形、竹节纹饰；有的雕杨桃、柑橙、仙桃等各种瓜果装饰，既统一又富于变化。

图7-8 檐柱石雕装饰/对面页
石柱上近檐板处，镶有一块以历史人物故事为题材的立体石雕饰件，这件石雕把光洁修长的石柱点缀得更加俊美。

因材施艺现匠心，以凿代笔镌风情

a

b

图7-9a~d 石柱础

石柱础款式多样，身高约40厘米，窄腰直径有的只有18厘米。柱础承托高大的梁柱，具有高身、束腰、造型轻巧的特点。

c

d

在其他的石雕装饰中，如月梁、雀替、墙裙、檐廊栏杆及台阶垂带等，同样具有浓郁的地方特色，可谓物尽其用，各展其长。陈氏书院的石雕蕴含着南国人民那种刚毅的气质，是劳动人民聪明才智和精湛技艺的结晶，同时也表现了清代晚期广东民间追求精雕细琢、装饰华丽的社会风尚。

八、画龙点睛绘彩图，烘云托月铜铁铸

画龙点睛绘彩图，烘云托月铜铁铸

图8-1 彩绘门神

门神是民间传说中保护屋宅平安之神。广东祠堂建筑的正门一般都绘有门神。这对门神以重彩绘成，高达4米，神态威武，给建筑增加了威严肃穆的美感。

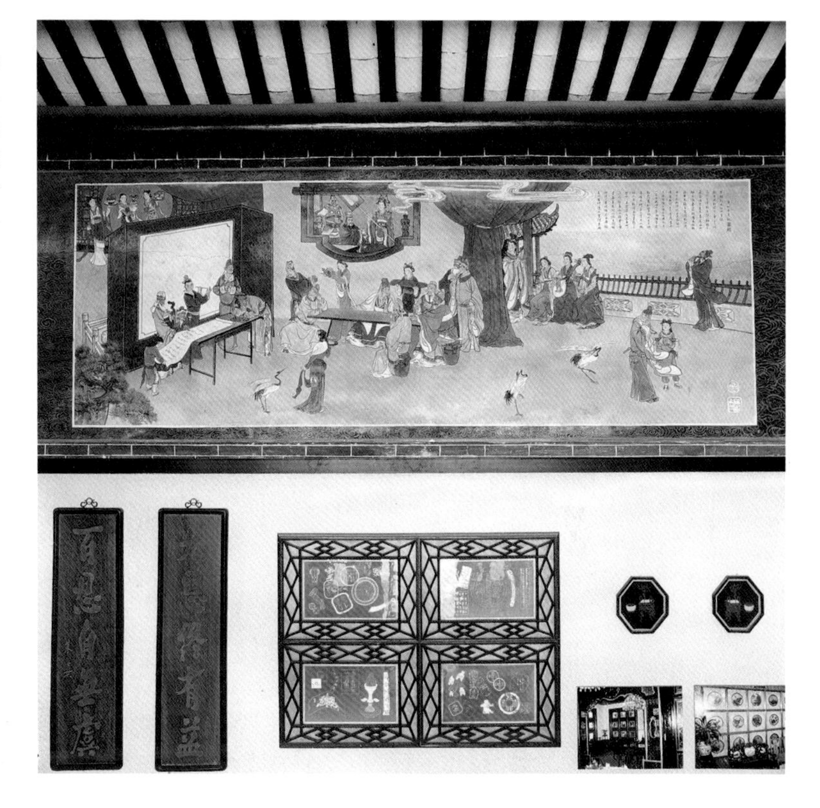

图8-2 东厢壁画

壁画在陈氏书院各类装饰中所占的分量不大，仅见于东厢和西厢，均以历史人物故事为题材，其场面广，人物多，画面布局合理，绘工精细。

陈氏书院的彩绘为数不多，仅包括大门上的门神和东西厢房的壁画，但运用得恰到好处，起到了画龙点睛的作用，使整座建筑增色不少。

贴门神是我国民间的传统习俗，门神被视为辟邪除魔、驱恶护善的勇士。陈氏书院大门上两幅巨大的彩绘门神，高达4米，运用勾线重彩技法描绘，突出了守门将军威武镇邪的神采。其中黑脸者为尉迟恭，红脸者为秦琼，两者均是唐太宗李世民手下勇将，曾为唐王朝的建立立下汗马功劳。传说李世民登基不久即患重病，每晚都听到门外有鬼魅的叫声，他为此提心吊胆，夜不能寐，便召集群臣商议，秦琼说道："臣平生杀敌如切瓜，收尸似聚蚁，难道还怕鬼魅不成？臣愿与尉迟敬德全身披挂在宫门外把守。"李世民大悦，当即准奏。这一招果然见效，几晚过去了，再见不到妖魔鬼怪，李世民的病情亦日趋好转。他非常感激两位将领的忠心

画龙点睛绘彩图，烘云托月铜铁铸

图8-3 铜铺首

铜铸兽头衔环铺首形态凶猛，直径55厘米，安装在正门2米多高之处，它已失去原有的实用功能，成为建筑饰件。

守护，下旨找全国最好的画师把二人身穿战袍，手执兵器，腰系弓箭的威风凛凛形象画出来，贴在门上。说来也怪，从此邪祟绝迹，再也不闹鬼了。这事从宫内传到宫外，从天子传到庶民，无人不知，无人不晓。平民百姓也在自家的门上贴上二员大将的画像，以保平安。从此，秦琼和尉迟恭的画像便成为民间最常见的门神了。陈氏书院大门上这两幅巨大门神，色彩鲜明，人物表现气宇轩昂，不愧为典型的中国古代彩绘之佳作。

东西厢房的两幅大型壁画《滕王阁》和《春夜宴桃李园》，画中场面盛大，着色鲜明，为陈氏书院增添了诗意和雅致清新的气息。

陈氏书院的各种建筑装饰中，还有一种极为引人注目的装饰手法——铜、铁铸。

铜铸主要是大门上装饰的一对铜铺首，每只直径55厘米，兽头衔环，张口露齿，形态凶猛。铺首边饰莲瓣，造型古朴凝重。如此巨大的铺首安装在正门两米多高之处，显然，它原有的使用功能已全部失去，成为纯粹的建筑装饰，使正门增加了庄严肃穆的气氛。

铁铸装饰则主要用在庭院连廊的廊柱及镶嵌在月台石雕栏杆中。这一方面是受到西方文化的影响，吸收了西方建筑装饰的长处，同时又糅合了中国传统装饰手法，为当时民间所接受；另一方面也

图8-4 铁铸栏板
色调深沉的双面铸铁通花栏板，镶嵌在灰白色的雕花石栏杆之中，铁石巧妙结合，色彩鲜明、凝重大方。这种装饰艺术在广东清代建筑中极为少见。

是结合了南方多雨潮湿的气候特点，而在月台和连廊采用这种不怕风吹、雨打、日晒的铁铸装饰形式。铁铸的廊柱，体形轻巧，挺拔秀气，铁柱轻托廊顶，使庭院有一种通透简洁的感觉。最富装饰效果的是那些镶嵌在月台栏杆之中的双面铁铸通花栏板，这种铁铸栏板色调凝重深沉，与灰白色的石雕栏杆对比鲜明，别具一格，在广东传统建筑中极为少见。通花铁铸栏板共有四种不同的内容，采用民间常见的对称装饰手法。正面六幅是“麒麟玉书凤凰图”；台阶两边是“龙戏珠”。月台东西两侧，一组以“三阳开泰”为主题，两旁饰有飞腾的鳌鱼，花篮盛着禾穗和鲤鱼，用穗、鱼的

图8-5 长廊铁柱

横跨庭院的连廊采用细长的铁柱承托装饰华丽的廊顶，既减少占地面积，增加庭园空间，又使长廊显得更加飘逸俊透。

谐音寄寓“岁岁有余”；另一组以金鱼在莲池中嬉戏，比喻“年年有余”、“金玉满堂”。还有以鹰和熊，凤凰和鹿，比喻“英雄”和“富贵福禄”。

陈氏书院建筑装饰大胆采用铁铸工艺，装饰运用得如此恰当，搭配得如此巧妙而又寓意丰富，在清代建筑中是极为罕见的。

规模宏大，装饰华丽的陈氏书院，在广州众多姓氏书院建筑中首屈一指，无与伦比。陈氏书院的建筑装饰艺术集中了广东民间建筑装饰之大成，它是清代岭南建筑中一颗耀眼的明珠，至今仍散发着迷人的光彩。

图8-6　铁铸栏板“麒麟吐玉书”

以生铁铸造的双面通花栏板装饰在石雕栏杆上，在广东清代建筑中独树一帜。铁铸栏板的装饰，是采用传统的纹饰，吸收国外的装饰方法，融会贯通而创新的一种室外建筑装饰艺术。

大事年表

朝代	年号	公元纪年	大事记
清	清光绪十四年	1888年	广东陈姓族人在当时广州城西门外连元街（今广州市中山七路恩龙里）兴建陈氏书院
	清光绪二十年	1894年	历时七年，陈氏书院终于落成，成为广东七十二县陈姓族人拜祭祖先和备考生员居住的地方
	清光绪三十一年	1905年	科举制度废除后，陈氏书院改办为陈氏实业学堂，但仍保留春秋二祭的活动
中华民国		1915年11月	创办于1913年的私立英文商业学校广东公学因旧址不敷应用，迁入陈氏书院，由广东公学创办的《广东学报》也随同迁入
		1928年10月	私立广东体育专门学校在陈氏书院创办，它属中等专门学校性质。1935年9月，校务改组，改校名为私立华南体育学校。1937年因政局变动停办
		1937—1949年	陈氏书院中先后创办了文范学校和聚贤中学
中华人民共和国		1951年	在陈氏书院中设立了广州市行政干部学校
		1957年	陈氏书院被批准列为广州市文物保护单位进行保护管理
		1958年5月1日	广州市文物管委会正式从广州市行政干部学校接收陈氏书院，并开始对陈氏书院进行全面维修管理
		1959年10月1日	陈氏书院辟为广东民间工艺馆，正式对外开放

朝代	年号	公元纪年	大事记
中华人民共和国		1962年7月7日	广东省人民政府正式公布陈氏书院为广东省重点文物保护单位
		1966年8月	陈氏书院主体建筑被征用为广州市新华印刷厂厂址
		1966年9月起	陈氏书院东、后院被广州市电影机械厂占用
		1969年1月13日起	陈氏书院前院被广州市32中学征用扩建五层教学楼一栋
		1980年	根据广州市政府的有关规定，广东民间工艺馆收回陈氏书院主体建筑
		1980年至1983年	陈氏书院再次全面维修复原
		1983年2月	陈氏书院重新对外开放
		1988年	陈氏书院由国务院颁布为全国重点文物保护单位
		1994年8月	广东民间工艺馆更名为广东民间工艺博物馆
		1995年8月27日	广东民间工艺博物馆收回原来被市32中学征用的前院部分面积
		1996年11月29日	陈氏书院以“百粤冠祠”为名，被评为广州十大旅游美景之首
		1996年12月31日	广东民间工艺博物馆正式收回被广州市复印机厂占用的后院
		1997年	广州复印机厂全部搬迁完毕，所有用地交回广东民间工艺博物馆

“中国精致建筑100”总编辑出版委员会

总策划：周　谊　刘慈慰　许钟荣

总主编：程里尧

副主编：王雪林

主　任：沈元勤　孙立波

执行副主任：张惠珍

委员（按姓氏笔画排序）

王伯扬　王莉慧　田　宏　朱象清　孙书妍　孙立波　杜志远　李建云　李根华　吴文侯　辛艺峰　沈元勤　张百平　张振光　张惠珍　陈伯超　赵　清　赵子宽　咸大庆　董苏华　魏　枫

图书在版编目（CIP）数据

陈氏书院／崔惠华等撰文／祁庆国摄影．—北京：中国建筑工业出版社，2014.6
（中国精致建筑100）
ISBN 978-7-112-16778-4

Ⅰ．①陈… Ⅱ．①崔… ②祁… Ⅲ．①书院-建筑艺术-广州市-图集 Ⅳ．① TU-092.2

中国版本图书馆CIP 数据核字（2014）第080894号

©中国建筑工业出版社

责任编辑：董苏华 张惠珍 孙立波
技术编辑：李建云 赵子宽
图片编辑：张振光
美术编辑：赵 清 康 羽
书籍设计：瀚清堂·赵 清 周伟伟 康 羽
责任校对：张慧丽 陈晶晶 关 健
图文统筹：廖晓明 孙 梅 骆毓华
责任印制：郭希增 臧红心
材料统筹：方承艺

中国精致建筑100

陈氏书院

崔惠华 黄海妍 撰文/祁庆国 摄影

中国建筑工业出版社出版、发行（北京西郊百万庄）
各地新华书店、建筑书店经销
南京瀚清堂设计有限公司制版
北京顺诚彩色印刷有限公司印刷

开本：889×710 毫米 1/32 印张：$2^7/_8$ 插页：1 字数：123 千字
2015年9月第一版 2015年9月第一次印刷
定价：**48.00**元
ISBN 978-7-112-16778-4
（24397）

版权所有 翻印必究
如有印装质量问题，可寄本社退换
（邮政编码 100037）